Vania Castro, V.P.P
José Firmino Nogueira Neto

Lipidprofil und US-CRP in einem Ringversuch

CW01072331

Vania Castro, V.P.P
José Firmino Nogueira Neto

Lipidprofil und US-CRP in einem Ringversuch

Laborvergleich zwischen Methoden und Probenstabilität bei der Bestimmung von Lipidprofilen und US-CRP

ScienciaScripts

Cover image: www.ingimage.com

This book is a translation from the original published under ISBN 978-613-9-70484-2.

Publisher:
Sciencia Scripts
is a trademark of
Dodo Books Indian Ocean Ltd. and OmniScriptum S.R.L publishing group

120 High Road, East Finchley, London, N2 9ED, United Kingdom
Str. Armeneasca 28/1, office 1, Chisinau MD-2012, Republic of Moldova, Europe

ISBN: 978-620-8-21104-2

DEDICATORY

Ich widme dieses Werk den wichtigsten Menschen in meinem Leben, für das, was sie mich gelehrt und an mich weitergegeben haben, für ihre bedingungslose und unaufhörliche Unterstützung, für das, was ich bin. Meinen Eltern, meinem Mann, meiner Tochter, meinen Geschwistern, meiner Familie und meinen Freunden.

DANKSAGUNGEN

An das Heiligste Herz Jesu, dass es all das Leid annimmt, das aus diesem Kampf entstanden ist, und dass es mir die Kraft und den Mut gibt, die ich für diesen Sieg brauche.

Meinem Ehemann Jorge João dos Santos Castro Filho für sein Verständnis in Zeiten der Abwesenheit und seine ständige Ermutigung, sowie meiner engelsgleichen Tochter Maria Beatriz.

Meinen Eltern, die mich in meinem Bildungsprozess stets auf einem guten Weg begleitet haben.

Meinen Geschwistern, Freunden und anderen Verwandten, die an mich geglaubt und mir durch Gespräche, Gedanken und Gebete geholfen haben, diese Reise zu vollenden.

Meinem Betreuer, Prof. Dr. José Firmino Nogueira Neto, für seine Unterstützung, als ich mich entschloss, meinen Masterabschluss zu machen und trotz vieler Schwierigkeiten in diesem Aufbaustudiengang zu bleiben.

An die Mitglieder des Projekts Fragility in Elderly Brazilians - FIBRA, Prof. Dr. Roberto Alves Lourenço, für die Erlaubnis zur Nutzung der Daten und für das Verständnis, dass Investitionen in die Qualität der Dienstleistungen und Prozesse von grundlegender Bedeutung sind.

Meinen Kolleginnen und Kollegen im Lipid-Labor - LabLip - für ihre liebevolle Unterstützung bei dieser Arbeit.

Den Professoren des Professional Master's Programme in Laboratory Medicine and Forensic Technology (MPSMLTF) und dem Koordinator, Professor Luis Cristóvão de Moraes Sobrino Pôrto, der sein Wissen weitergegeben hat.

Der Wissenschaftler ist nicht derjenige, der die wirklichen Antworten gibt; er ist derjenige, der die wirklichen Fragen stellt.

Claude Lévi-Strauss

ZUSAMMENFASSUNG

Einleitung: Laut O'Kane et al. aus dem Jahr 2008 wurde nachgewiesen, dass 88,9 % der Laborfehler in der präanalytischen Phase auftreten. Im klinischen Analyselabor kann das Qualitätskontrollsystem als die Gesamtheit der systematischen Maßnahmen definiert werden, die erforderlich sind, um Vertrauen und Sicherheit bei allen Tests zu gewährleisten und das Auftreten von Fehlern zu verhindern. Die Lagerungsdauer kann von Tagen bis zu Monaten oder sogar Jahren variieren, was sich auf die Definition der Lagertemperatur auswirkt. Langfristige Lagerung kann bei bestimmten Analyten zu einer unzureichenden Kryokonservierung führen und Lipoproteine denaturieren. Zielsetzung: Ziel dieser Studie war es, die präanalytische Phase, die interne Qualitätskontrolle und die Auswirkung des Einfrierens (- 80°C) auf die Lagerungsdauer von Blutserum und Plasma, das mit Ethylendiamintetraessigsäure (EDTA) gewonnen wurde, zu bewerten. Material und Methode: Die Dosierungen wurden im Lipidlabor - LabLip - durchgeführt und drei Jahre lang bei - 80 °C gelagert. Anschließend wurden sie mit denselben Methoden an den klinisch-pathologischen Dienst der Poliklinik Piquet Carneiro der UERJ zurückgesandt und die Ergebnisse verglichen. Ergebnisse: Das Lipidprofil (TC, HDLc und TG) und das US-CRP von 103 Proben wurden analysiert, 73 im Serum und 30 im Plasma in zwei hochqualifizierten Labors. Diskussion: Nach einer erneuten Verabreichung wurden niedrigere Ergebnisse für HDLc und TC festgestellt (Korrelationskoeffizient im Serum 0,48 und 0,62), gepaarter t-Test im Serum (TC p 0,0012 und HDLc p 0,0001). Schlussfolgerungen: Die Daten, die bei der Auswertung der Ergebnisse aus verschiedenen Labors und Lagerungszeiten gewonnen wurden, zeigten, dass, wenn die Proben nach der Redosierung im Serum lange gelagert wurden, sie Unterschiede bei bestimmten Analyten, wie TC und HDLc, aufwiesen, bei denen signifikant verringerte Ergebnisse erzielt wurden, im Gegensatz zum Plasma, das nach drei Jahren Lagerung bei -80°C redosiert und auf den gepaarten t-Test angewandt wurde, die Analyten TC und PCR-US stabil blieben.

Stichworte: Vergleichbarkeit. Methodik. Lagerung. Stabilität.

ZUSAMMENFASSUNG

EINFÜHRUNG

Klinische Analyselaboratorien leisten Gesundheitsfürsorge und spielen eine wichtige Rolle bei klinischen Entscheidungen. Mit der wissenschaftlichen Technologie hat auch ihre Komplexität zugenommen, und die Laborprozesse haben sich verändert, wobei die Vorteile der Informationstechnologie genutzt werden und ein unterschiedlicher Automatisierungsgrad zum Tragen kommt. So finden auch Laboruntersuchungen in einem komplexen Umfeld statt, in dem Verfahren, Ausrüstung, Technologie und menschliches Wissen nebeneinander bestehen, mit dem Ziel, Laborergebnisse für die Versorgung, Diagnose, Prognose, therapeutische Überwachung und wissenschaftliche Produktion bereitzustellen.[1]

O'Kane et al. (2008) zeigten, dass 88,9 % der Laborfehler in der präanalytischen Phase gemacht werden.[2] Jede Laboranalyse zielt darauf ab, Ergebnisse zu erhalten, die mit der verwendeten Methodik kompatibel und zuverlässig sind; verschiedene Faktoren können jedoch dazu führen, dass bei einer bestimmten Laboranalyse desselben biologischen Materials unterschiedliche Werte erzielt werden.[3]

Das Qualitätskontrollprogramm ist ein System, das die notwendigen Bedingungen für die Umsetzung und Aufrechterhaltung der Qualitätsverbesserung verwaltet und regelt, um die Qualität des Kunden zu erreichen und dem Labor zuverlässige Ergebnisse zu garantieren, Nichtkonformitäten zu beheben und Verbesserungen im System zu fördern.[3-4]

Ziel dieser Studie war es, Wissen über die präanalytische Phase, die Qualitätskontrolle, den Vergleich von Methoden zwischen zwei klinischen Labors und die erwarteten Ergebnisse pro Personengruppe im Rahmen des Projekts Fragility in Elderly Brazilians - FIBRA II zu sammeln und zu organisieren.

FIBRA-Projekt

Ziel der Studie war es, das Risikoprofil und die mit Gebrechlichkeit verbundenen Faktoren bei in der Gemeinschaft lebenden älteren Menschen zu ermitteln. Die Ausgangspopulation bestand aus Personen im Alter von 65 Jahren und älter, die in den nördlichen Vierteln der Stadt Rio de Janeiro, Brasilien, lebten und Kunden einer Krankenkasse waren. Bei der Studie handelte es sich um eine kohortenbasierte Querschnittsstudie mit einer nach Geschlecht und Alter geschichteten Stichprobe (n=213 Teilnehmer), die klinischen Analysen unterzogen wurde. Zur Risikostratifizierung wurde das Screening-Tool für die Wahrscheinlichkeit wiederholter Krankenhausaufenthalte (PIR) verwendet. Nach einer bivariaten Analyse wurde eine logistische Regressionsanalyse durchgeführt, um den Zusammenhang zwischen der PIR und einer Reihe von soziodemografischen, gesundheitsbezogenen, funktionellen und kognitiven Variablen zu untersuchen. Es wurde festgestellt, dass 6,7 % der älteren Menschen ein hohes Risiko für eine Krankenhauseinweisung hatten. Das Risiko einer Krankenhauseinweisung war mit Krebs, Stürzen, chronisch obstruktiver Lungenerkrankung und Medikamenteneinnahme sowie mit den folgenden Bedingungen verbunden: Besuch von medizinischem Fachpersonal, Bettlägerigkeit zu Hause, Alleinleben und Ausübung von Aktivitäten des täglichen Lebens.[5]

Zielpublikum

Es wurde eine deskriptive Querschnittsstudie an der Ausgangspopulation der Studie "Fragility in Elderly Brazilians - FIBRA" durchgeführt. Die Studienpopulation und die Stichprobe setzten sich aus Personen im Alter von 65 Jahren oder älter zusammen, die in Stadtvierteln im Norden der Stadt Rio de Janeiro leben und Teil des Kundenregisters einer Gesundheits- und Rentenstiftung für Bundesbeamte und deren Angehörige sind, die in verschiedenen brasilianischen Gemeinden tätig ist. Die geografische Abgrenzung wurde von den FIBRA-RJ-Projektkoordinatoren aus logistischen Gründen festgelegt.[5]

Die Auswahl der Stichprobe erfolgte nach dem Schichtungsverfahren auf der Grundlage der Kreuzung der Variablen Alter und Geschlecht, wobei zehn natürliche Schichten gebildet wurden, die sich aus Personen im Alter von 65 und mehr bis 100

Jahren zusammensetzten und in Zehn-Jahres-Bänder unterteilt waren. Jede endgültige Schicht wurde durch umgekehrte Zufallsstichproben gewonnen, wobei die Proportionen der Schichten der Ausgangsbevölkerung beibehalten wurden, mit Ausnahme der Personen im Alter von 95 Jahren und älter, die alle befragt wurden. Der Stichprobenumfang wurde so berechnet, dass der Variationskoeffizient in jeder natürlichen Schicht 15 % betrug, was bei einem Konfidenzniveau von 95 % eine Schätzung des Anteils von etwa 0,07 ergibt. [5]

Ältere Menschen, die einen Ersatzinformanten benötigten, weil sie an einer der folgenden Bedingungen litten, wurden von der Studie ausgeschlossen: kognitive Beeinträchtigung - definiert durch einen Wert von weniger als 12 beim *Mini-Mental State Examination* (MMSE); sensorische Defizite, die die Kommunikation und das Lesen beeinträchtigen; unheilbare Krankheiten jeglicher Art. Zu den weiteren Einschränkungen gehörte, dass der Ersatzteilnehmer die Selbsteinschätzung des Gesundheitszustands nicht beantwortete, ein Item, das das Instrument zur Stratifizierung des Gebrechlichkeitsrisikos bildet. [5]

Die Rekrutierung erfolgte per Telefon zwischen dem 5. Januar 2009 und dem 13. Januar 2010.[5]

Die Studie wurde von der Ethikkommission des Universitätskrankenhauses Pedro Ernesto der Staatlichen Universität von Rio de Janeiro genehmigt (1850-CEP/HUPE). Alle Teilnehmer unterschrieben eine Einverständniserklärung.[5]

Die Datenerhebung und das Forschungsinstrument wurden zu Hause in einem einzigen, etwa 90 Minuten dauernden Interview mit einem Fragebogen mit strukturierten Fragen und Messungen der körperlichen, funktionellen und geistigen Leistungsfähigkeit durchgeführt. [5]

Der Fragebogen umfasste soziodemografische Daten wie Familienstand und Wohnsituation, Schulbildung, Hautfarbe/Rasse, persönliches Einkommen, Alter, Geschlecht und Verfügbarkeit einer Betreuungsperson im Bedarfsfall sowie Daten zum Gesundheitszustand in Form von selbst eingeschätzter Gesundheit und selbst angegebenen chronischen Krankheiten, wie systemische arterielle Hypertonie (SAH),

8

koronare Herzkrankheit, Diabetes mellitus, Krebs, Arthropathien, chronisch obstruktive Lungenerkrankung, Osteoporose, Schlaganfall, Hör- oder Sehbehinderung, Stürze im letzten Jahr sowie Harn- und Stuhlinkontinenz. Die Befragten beantworteten einen Fragebogen über die Inanspruchnahme von Gesundheitsdiensten im letzten Jahr, der durch die Anzahl der Krankenhausaufenthalte und die Dauer des Aufenthalts, die Anzahl der Arztbesuche, die Notwendigkeit von Hausbesuchen durch Angehörige der Gesundheitsberufe, die Notwendigkeit einer krankheitsbedingten Bettlägerigkeit und die Anzahl der in den drei Monaten vor der Befragung regelmäßig eingenommenen Medikamente, das Rauchen und die Frage, ob sie sich körperlich betätigen, gekennzeichnet war.[5]

Es wurden anthropometrische Messungen wie Gewicht und Größe vorgenommen und Leistungstests wie die Ganggeschwindigkeit - der Durchschnitt von drei Messungen der Zeit, die für das Gehen von 4,6 Metern in einer geraden Linie benötigt wurde - und die Handgriffstärke - der Durchschnitt von drei Messungen mit einem Jamar-Dynamometer (SAEHAN Corporation, Yangdeok-Dong, Südkorea) an der dominanten oberen Extremität.[5]

Die Wahrscheinlichkeit eines wiederholten Krankenhausaufenthalts für jeden Teilnehmer wurde anhand der Wahrscheinlichkeit einer wiederholten Einweisung (PRA) berechnet, die sich aus acht im Fragebogen enthaltenen Items zusammensetzt: (1) selbst eingeschätzter Gesundheitszustand - mit folgenden Antwortmöglichkeiten: "sehr gut, gut, mittelmäßig, schlecht oder sehr schlecht"; (2) Krankenhausaufenthalt im letzten Jahr; (3) Anzahl der Arztbesuche im letzten Jahr; (4) Diabetes mellitus; (5) koronare Herzkrankheit; (6) Geschlecht; (7) Verfügbarkeit einer Pflegeperson im Bedarfsfall; (8) Alter. [67]Die logistische Gleichung und die Regressionskoeffizienten für jedes der acht Items wurden von Pacala et al. beschrieben. In der vorliegenden Studie wurde der Name des Instruments in Portugiesisch in aPIR geändert.[8]

Präanalytische Phase

Die präanalytische Phase umfasst alle Schritte, die vor der Durchführung des Tests stattfinden, einschließlich der Anforderung, der Vorbereitung der Person, der

Entnahme, der Identifizierung der Proben und ihrer -   .   9
Handhabung und Verarbeitung.

In der präanalytischen Phase der Laborbehandlung sind viele Daten von großer Bedeutung, z. B. Geschlecht, Alter, Medikamenteneinnahme, Krankenversicherung und andere. Der Einsatz computergestützter Systeme, die in Laborumgebungen weit verbreitet sind, ermöglicht die Erfassung einer Reihe zusätzlicher Informationen in Bezug auf die Uhrzeit und das Datum der Dienstleistung, nach 9

Sammlung, Betreiber, u.a..

Der Einsatz von automatisierten Geräten mit bidirektionaler Schnittstelle (bei der das Gerät mit den Analyseergebnissen gespeist wird, Arbeitsanweisungen vom Laborsystem erhält und die Ergebnisse an dasselbe System zurücksendet) kann den Zugang zu einer weiteren Reihe von Informationen ermöglichen, die im Analyseprozess erzeugt werden. Durch die Automatisierung des Prozesses der Ergebnisgewinnung, der Datenerfassung und -speicherung wird das Informationsvolumen außerdem zuverlässiger, flexibler und leichter zu handhaben. [10]

Der Arzt, der den Test anfordert, und seine Assistenten weisen die Person nicht immer in den Test und die Entnahme der Probe ein. Daher muss das Labor Leitlinien für jede Art von Test bereitstellen, und der Phlebotomist muss sich um die Einhaltung der technischen Anforderungen für die Entnahme und die potenziellen biologischen Risiken kümmern. Ebenso müssen die Personen, die für die Verpackung, die Konservierung und den Transport der Probe verantwortlich sind, die Sicherheit und Unversehrtheit des Materials und ihrer selbst gewährleisten. [11]

Bei der Blutentnahme für Laboruntersuchungen ist es wichtig, bestimmte Variablen zu kontrollieren und zu vermeiden, die die Genauigkeit der Ergebnisse beeinträchtigen können. Zu den präanalytischen Bedingungen gehören chronobiologische Schwankungen, Geschlecht, Alter, Position, körperliche Aktivität, Fasten, Ernährung und die Einnahme von Medikamenten zu therapeutischen oder nichttherapeutischen Zwecken. Es gibt weitere Bedingungen, die berücksichtigt werden müssen, wie die gleichzeitige Durchführung von therapeutischen oder diagnostischen Verfahren, Operationen, Bluttransfusionen und Infusionen von

Lösungen. [12]

Prozess im Labor

Der Prozess umfasst die Beantragung des Tests, die Orientierung, die Vorbereitung der Person, die Entnahme, die Verarbeitung der Proben, die Analyse selbst, die Darstellung der Ergebnisse und ihre Interpretation im Vergleich zu Referenzwerten und der klinischen Situation der untersuchten Personen. [13,14]

Arbeitsanweisungen (Prozeduren):

Die Blutentnahme ist ein wichtiger Faktor bei der Diagnose und Behandlung verschiedener Krankheiten. [15]

Die für die Blutentnahme verwendeten Materialien sind von entscheidender Bedeutung, da sie sich auf die Testergebnisse auswirken.

Arbeitsanweisung (Ablauf der Probenahme im FIBRA II-Projekt):

a) Röhrchen mit Natriumcitrat;
b) Röhrchen mit Gerinnungsaktivator, mit Gel zur Serumgewinnung;
c) Röhrchen mit EDTA.

Arbeitsanweisungen (Reihenfolge der Abholverfahren):

a) Aufnahme des Einzelnen;
b) Analyse des Antrags;
c) Überprüfung der Angaben: Name, Geburtsdatum, Geschlecht, klinische Indikation, Medikamenteneinnahme usw;

d) Vergewissern Sie sich, dass die Person für den angeforderten Test richtig nüchtern ist und ob sie allergisch gegen Latex ist. Ist dies der Fall, verwenden Sie eine Aderpresse und latexfreie Handschuhe.

Arbeitsanweisung (Venenpunktionsverfahren):

a) Trennen Sie das notwendige und geeignete Material für die Durchführung der angeforderten Tests;

b) Beschriften Sie die Röhrchen und notieren Sie den Zeitpunkt der Entnahme. In einigen Labors wird der Phlebotomist auch durch das Anziehen von Handschuhen identifiziert;

c) Die Positionierung des Einzelnen;

d) Legen Sie das Tourniquet an, wählen Sie die Punktionsstelle und die zu punktierende Vene;

e) Antiseptisieren Sie die Einstichstelle und warten Sie, bis sich das Antiseptikum verflüchtigt hat;

f) Führen Sie die Venenpunktion durch und bitten Sie die Person, ihre Hand zu öffnen, sobald der Blutfluss einsetzt;

g) Lösen und entfernen Sie die Aderpresse;

h) Füllen Sie die Sammelröhrchen in der richtigen Reihenfolge aus;

i) Legen Sie eine Mullbinde auf die Einstichstelle;

j) Entfernen Sie die Nadel und aktivieren Sie die Sicherheitsvorrichtung;

k) Üben Sie Druck auf die Einstichstelle aus, bis die Blutung aufhört, und legen Sie dann den Verband an;

l) Vergewissern Sie sich, dass für die gesammelten Tests eine spezielle Verarbeitung vorgesehen ist;

m) Schicken Sie die beschrifteten Röhrchen an das Labor.

Mögliche Fehler:

a) Falsche Identifizierung, Probenaustausch, Hämolyse, Homogenisierung, Zentrifugation mit falscher Drehzahl, unzureichende Lagerung, Fehler bei der Verwendung von Antikoagulantien;

b) Proben mit unzureichender Identifizierung sollten nicht verarbeitet werden;

Anweisungen zum Einsammeln:

a) Vorbereitung des Einzelnen;

b) Zu sammelndes Material;

c) Abholzeit;

d) Wirksame Identifizierung der Person;

e) Korrekte Identifizierung der entnommenen Probe;

f) Besondere Pflege;

g) Aufzeichnung der Identität des Probensammlers oder -empfängers;

h) Sichere Entsorgung des für die Sammlung verwendeten Materials;

i) Korrektes Ausfüllen der Registrierung der Person;

j) Alle Proben sind so zu kennzeichnen, dass sie bei Bedarf zurückverfolgt werden können;

k) Die Proben müssen für die angegebene Zeit und bei der angegebenen Temperatur unter Bedingungen gelagert werden, die die Stabilität der Eigenschaften für die Durchführung und Wiederholung der Analysen gewährleisten;

l) Ein aufeinanderfolgendes Einfrieren und Auftauen ist nicht zulässig;

m) Die Qualität der biologischen Probe ist von größter Bedeutung für den Erfolg der Analyse;

n) Vergewissern Sie sich, dass die Behälter fest verschlossen sind und dass der Inhalt nicht ausläuft;

o) Legen Sie die Röhrchen oder Fläschchen mit dem biologischen Material aufrecht in einen Plastikbeutel oder ein Gefäß, bevor Sie sie in die Kühlbox stellen;

p) Wichtig: Der Thermokoffer muss eine der Menge des zu versendenden Materials entsprechende Menge an Trocken- oder recycelbarem Eis sowie ein Thermometer zur Temperaturkontrolle enthalten.

Prä-analytische Variablen

Präanalytische Variablen haben einen großen Einfluss auf die Qualität der Laborergebnisse und werden in drei Kategorien eingeteilt: physiologische Variablen, Variablen bei der Probenentnahme und andere Störfaktoren, die zu einer Fehlinterpretation der Testergebnisse führen können. [16]

Wenn die Ergebnisse im Labor analysiert werden, gibt es einige Veränderungen, die mit physiologischen Variablen wie Geschlecht, Alter, Ethnie, Schwangerschaft usw. zusammenhängen. Das Ausmaß der Veränderungen dieser Substanzen hängt von der Ernährung und der Zeit ab, die zwischen der Nahrungsaufnahme und der Probenentnahme verstrichen ist. Fettreiche Nahrungsmittel erhöhen die Konzentration von Triglyceriden im Körper. Eine eiweiß- und nukleotidreiche Ernährung führt dagegen zu einem Anstieg von Ammoniak, Harnstoff und Harnsäure. Die Auswirkungen von körperlicher Betätigung, Rauchen und Alkoholkonsum, höhenbedingten Störungen u. a. auf die Testergebnisse sind ebenfalls hinlänglich bekannt. [16]

Es gibt noch weitere präanalytische Faktoren, wie z. B. Entnahmevariablen, bei denen die Tourniquet-Zeit eine Rolle spielt, oder Blut, das über venöse Zugänge mit Medikamenteninfusion entnommen wurde. [16]

Es gibt noch weitere Störfaktoren, wie z. B. eine längere Kontaktzeit des Serums oder Plasmas mit den Zellen, das Vorhandensein von Hämolyse in unterschiedlichem Ausmaß, Hämokonzentrationen durch Verdunstung, falsche Lagertemperatur der

Probe, falscher Transport, falsche Verwendung von Zusatzstoffen (Antikoagulantien). [16]

Das Serum oder Plasma sollte so schnell wie möglich von den Blutzellen getrennt werden. Wenn Sie die maximale Zeit von zwei Stunden überschreiten, können einige Analyten beeinträchtigt werden.

Die Temperatur ist ebenfalls wichtig für die Lebensfähigkeit der Probe. Die Umgebungstemperatur im Labor sollte zwischen 22 und 25 °C liegen.[18]

Die Kühlung der Probe bei Temperaturen zwischen 2 und 8 °C hemmt den Zellstoffwechsel und stabilisiert bestimmte thermolabile Bestandteile.[19]

Die Proben müssen in isothermischen, hygienisch einwandfreien und wasserdichten Behältern transportiert werden, sofern dies erforderlich ist. Sie müssen mit biologischen Risikosymbolen gekennzeichnet sein. [19]

Qualitätskontrolle

Laboranalysen führen in der Regel zu Ergebnissen, die mit der angewandten Methodik vereinbar sind. Verschiedene Faktoren können jedoch bei einer bestimmten Laboranalyse desselben biologischen Materials zu unterschiedlichen Werten führen.[20] Die Qualität im Labor hat sich in den letzten Jahren erheblich weiterentwickelt, und die Qualitätskontrolle ist Teil eines umfassenderen Programms. Qualität umfasst die Prozesse des Managements, der Verbesserung und der Qualitätssicherung, [2221] und die Qualitätskontrolle ist Teil der kontinuierlichen Qualitätsverbesserung.

Die Komponenten des Qualitätskontrollprogramms sind: Qualität der Proben, Standardarbeitsanweisungen (SOPs), technische Qualitätssicherung der Mitarbeiter, Pflege der Qualitätskontrolle und der Aufzeichnungen, Analyseergebnisse, Teilnahme an externen Qualitätsüberwachungsprogrammen, Sicherheitsstandards im Labor, Zuverlässigkeit der Geräteleistung und Qualitätssicherung der Labormaterialien.

Beschreibung des Qualitätssystems von LabLip

LabLip nimmt an zwei Qualitätskontrollprogrammen auf internationaler und nationaler Ebene teil. Das externe Qualitätskontrollprogramm (PCQE) besteht aus Kontrollproben, die monatlich in einem Kontrollkit an LabLip zur Analyse als Proficiency Test geliefert werden. Ziel dieser Analysen ist es, die analytischen Prozesse zu bewerten, die unter den gleichen Bedingungen durchgeführt werden wie die Analysen der Proben aus den verschiedenen von uns durchgeführten Projekten. Anhand der Ergebnisse, die durch die Teilnahme an diesen Programmen erzielt werden, stellt LabLip die Präzision und Genauigkeit sicher.

Die PCEQ von LabLip umfasst die analytische Bewertung durch die Präzision des Analysesystems unter Verwendung interner Kontrollproben (laborintern) Interne Qualitätskontrolle (IQC) und die Bewertung der analytischen Genauigkeit mit analysierten Kontrollproben (zwischen Laboratorien) Externe Qualitätskontrolle (EQC).

Die CQE-Proben werden analysiert und die von LabLip ermittelten Ergebnisse werden vom Programmanbieter in Form eines regelmäßigen Berichts ausgewertet, der es uns ermöglicht, Maßnahmen zur kontinuierlichen Verbesserung zu ergreifen. Am Ende eines Teilnahmezyklus haben wir durch ein Exzellenzz-Zertifikat eine hohe Kompetenz erreicht. Seit Beginn unserer Teilnahme an diesen Programmen haben wir von beiden eine AUSGEZEICHNETE Bewertung erhalten.

Die CQI wird anhand von Kontrollproben durchgeführt, die vom Nationalen Qualitätskontrollprogramm (PNCQ) geliefert werden, sowie anhand von Kontrollen, die von einem hochqualifizierten Unternehmen geliefert werden, das über alle erforderlichen Voraussetzungen verfügt. Beide liefern lyophilisiertes Humanserum für die interne Kontrolle aller biochemischen Analyten, wobei dieselbe Charge von Kontrollproben verwendet wird, so dass das System über einen bestimmten Zeitraum hinweg ohne Wechsel des biologischen Kontrollmaterials überprüft werden kann. Die Tests werden vor jeder Dosierung im Rahmen der Projekte, an denen LabLip beteiligt ist, durchgeführt, analysiert und genehmigt.

Steuerungen, Kalibratoren und ihre Funktionen

Kontrollproben mit bekannten Werten werden täglich analysiert, um die Genauigkeit der Tests zu bewerten. Mit dieser effizienten und zuverlässigen Art der Durchführung von Laborverfahren erhalten wir valide Ergebnisse, die zur klinischen Diagnose und zu den verschiedenen Forschungslinien, an denen wir beteiligt sind, beitragen. Ziel der CQI ist es, die Reproduzierbarkeit (Präzision) zu gewährleisten, die Kalibrierung der Analysesysteme zu überprüfen und aufzuzeigen, wann bei Nichteinhaltung der Vorschriften Korrekturmaßnahmen ergriffen werden müssen.

Das Kalibratorserum ist gefriergetrocknetes Rinderserum, das verschiedenen Komponenten zugesetzt wird, bis es einen für die Kalibrierung von automatischen Analysegeräten geeigneten Gehalt erreicht. Es enthält keine Konservierungsstoffe, die die biochemischen Bestimmungen beeinträchtigen könnten.

Um die Ergebnisse der internen Kontrollproben zu interpretieren, verwendet LabLip zwei Kontrollproben mit unterschiedlichen Konzentrationen: die Humankontrolle I (normal) und die Humankontrolle II (pathologisch), so dass die Informationen für die Überprüfung der Einhaltung der wünschenswerten Kontrollwerte gültig sind, mit dem Ziel, die analytische Leistung zu überwachen. Das Levey-Jennings-Kontrollsystem, ausgedrückt in einem Diagramm, wird auch als Qualitätssicherungsinstrument verwendet. Für jeden Analyten gibt es ein eigenes Diagramm, das die zulässigen Grenzwerte berücksichtigt, die durch die Standardabweichung im Verhältnis zum Mittelwert angegeben werden, der nach einer Mindestanzahl von Dosierungen gemäß international anerkannten Protokollen, auf die in den Bibliographien verwiesen wird, erzielt wurde.

Ausrüstung

Das Analysesystem besteht aus den Messgeräten und -instrumenten, d. h. den biochemischen Analysegeräten und den Geräten zur Unterstützung der Tests (Zentrifugen, Pipetten usw.). Alle von LabLip verwendeten Geräte und Instrumente werden alle drei Monate von spezialisierten Technikern und Vertretern des Herstellers im Rahmen einer vorbeugenden Wartung überprüft und bei Bedarf korrigierend gewartet. Falls erforderlich, werden Komponenten, die die Ergebnisse gefährden, ausgetauscht. Die Leistung wird durch Tests nach der Wartung streng überwacht, damit sie wieder in die technische Durchführung der Analysen einfließen kann.

Technisches Personal

Das Programm zur analytischen Qualitätskontrolle, das bei LabLip umgesetzt wird, umfasst auch das technische Fachpersonal, das die Analysen durchführt. Zu diesem Zweck gibt es systematisierte Hierarchieebenen für die Entscheidungsfindung, die den in den internen Qualitätsdokumenten beschriebenen Kompetenzen, Qualifikationen und Befähigungen entsprechen. In regelmäßigen Abständen und bei Bedarf fördert LabLip die Ausbildung durch ein Weiterbildungsprogramm und überprüft dessen Wirksamkeit.

Abschließende Überlegungen

Das Qualitätsmanagement ist angesichts der Glaubwürdigkeitskrise in diesem Bereich sehr wichtig. Es ist nicht üblich, dass der öffentliche Dienst aufgrund der Ressourcen ein Qualitätsprogramm für die Akkreditierung einstellt, denn es funktioniert nur, wenn es allen bekannt ist. Das totale Qualitätsmanagement (TQM) erweist sich somit als ein Instrument, mit dem die Einrichtungen umstrukturiert werden können, um den tatsächlichen Gesundheitsbedürfnissen des Landes gerecht zu werden.[22]

QM, das auf partizipativem Management basiert, hat die Managementarbeit erweitert,

Förderung der Dezentralisierung und Verbesserung der Effizienz der Kontrolle.

Dadurch erhielt das Management eine neue Rolle, nämlich die des "Change Agent", des Beraters und des Erziehers, was zur Aufrechterhaltung einer stärker partizipativen Beziehung beitrug. [22]

Die Wertschöpfung auf der Grundlage von Systemkenntnissen, Szenariostudien und kontinuierlichem Lernen ist zum Unterscheidungsmerkmal geworden. [23]

Mit der Einführung von QM wurden Verbesserungen im Bereich der Humanressourcen erzielt, die die Zufriedenheit der internen Kunden in ihrem Arbeitsumfeld gewährleisten. Die Bedürfnisse der Kunden wurden erfüllt, die Gesellschaft wurde anerkannt und die statistischen Indikatoren des Krankenhauses haben sich ebenfalls verändert. [23]

Es wurde bestätigt, dass das QM zufriedenstellende Ergebnisse erzielt hat. Die Glaubwürdigkeit des Managementmodells ist somit gegeben, da seine Anwendbarkeit die Befriedigung der Kundenbedürfnisse und der Bedürfnisse der Mitglieder der Organisation gewährleistet. [23]

Lipide und US-CRP

Herz-Kreislauf-Erkrankungen sind die Haupttodesursache, insbesondere Atherosklerose. Diese Krankheit gilt als aktiver und wiederkehrender Entzündungszustand, der die peripheren und zentralen Blutgefäße betrifft, und ihre Entwicklung hängt mit dem Vorhandensein von Risikofaktoren zusammen.

Zu den Risikofaktoren für eine atherogene Entwicklung gehören Dyslipidämien, Bluthochdruck, Diabetes, Rauchen, körperliche Inaktivität, familiäre Vorbelastung und das metabolische Syndrom. Diagnose, Überwachung und Behandlung von Dyslipidämien beruhen hauptsächlich auf den Blutkonzentrationen wünschenswerter und veränderter Werte für diese Serumlipide, basierend auf den III Brasilianischen Leitlinien für Dyslipidämien. [24]

Die Werte des Lipidprofils, des Gesamtcholesterins (TC), der Triglyzeride (TG) und des High-Density-Lipoprotein-Cholesterins (HDLc) sind Referenzwerte für die

Bewertung des Herzrisikos, die Diagnose von Dyslipidämien und die Überwachung der Behandlung. Daher ist die Wahl der Methoden zur Messung der Blutfette äußerst wichtig. [24]

Die Abteilung für Atherosklerose der Brasilianischen Gesellschaft für Kardiologie hat angesichts der zahlreichen wissenschaftlichen Veröffentlichungen über die Behandlung von Dyslipidämien und die Prävention von Atherosklerose sowie der Bedeutung ihrer Auswirkungen auf das kardiovaskuläre Risiko ein Expertenkomitee zusammengerufen, um die aktualisierten brasilianischen Leitlinien für Dyslipidämien und die Prävention von Atherosklerose vorzustellen, die im Oktober 2013 in den Brasilianischen Archiven für Kardiologie veröffentlicht wurden.[24] Ein hoher Cholesterinspiegel ist der wichtigste modifizierbare Risikofaktor, wie wissenschaftliche Studien belegen. Es ist daher kohärent, dass die Senkung des Cholesterinspiegels, insbesondere des LDLc-Spiegels, durch Änderungen des Lebensstils und durch Medikamente im Laufe der Zeit einen großen Nutzen für die Verringerung der kardiovaskulären Folgen hat. [24]

[25]CRP gehört zur Familie der Pentraxinproteine, und seine Bestimmung in Blutproben wird als wichtiger Faktor bei der Bewertung prädisponierender Faktoren für Herz-Kreislauf-Erkrankungen und bei der Diagnose von Entzündungszuständen bei Patienten mit Knochen-Gelenk-Erkrankungen verwendet [26]. In einer Population im Alter von 40-79 Jahren war die Verteilung des Serum-CRP bei Männern und Frauen ähnlich, wenn man das Rauchen und die Verwendung einer Hormonersatztherapie berücksichtigt. [27][28]Amer et al. waren [222229]
fanden erhöhte CRP-Werte bei gesunden älteren Ägyptern und Delongui et al.
beschrieben, dass die CRP-Serumspiegel in einer gesunden Bevölkerung in Südbrasilien von <0,175-48,7 mg/L reichten und von Geschlecht, Alter und Body-Mass-Index (BMI) beeinflusst wurden. Derzeit sind neue Methoden und Strategien zum Nachweis und zur Quantifizierung von CRP verfügbar, die Unterschiede in der Spezifität und Sensitivität mit sich bringen.[30] Außerdem werden Kontrollen für mögliche Störvariablen oft vernachlässigt. [30]

Ziel dieser Studie war es daher, die Unterschiede zwischen den

Lipidprofilwerten und dem US-CRP zu untersuchen und festzustellen, ob diese Veränderungen zu unterschiedlichen Ergebnissen führen können.

KAPITEL 1

ZIELE

1.1 Allgemein

Bewertung der präanalytischen Phase und der internen Qualitätskontrolle. Eine vergleichende Studie über biochemische Tests, einschließlich Lipidprofil (TC, HDLc und TG) und PCR - US, die in zwei klinischen Analyselabors durchgeführt wurden.

1.2 Spezifische

Analyse der Faktoren, die mit den bei den Labortests festgestellten präanalytischen Veränderungen in Zusammenhang stehen; Vergleich einer Stichprobe von 103 in einem klinischen Universitätslabor erzielten Ergebnissen und Bewertung der Auswirkungen der Lagerung der PCR-US-, CT-, TG- und HDLc-Analysen bei -80°C.

KAPITEL 2

MATERIAL UND METHODEN

Diese Studie umfasste eine systematische Überprüfung der Veränderungen bei Labortests in Bezug auf die Probenlagerungszeit für Lipidprofile und US-CRP sowie einen Vergleich der Ergebnisse zwischen zwei Labors.

Recherchiert wurde in Büchern, technischen und wissenschaftlichen Veröffentlichungen und Datenbanken, darunter PubMed und die Scientific Electronic Library Online (SciELO).

2.1. Aufbau der Studie

Wir haben Daten aus dem FIBRA-Projekt verwendet, das in einem klinischen Forschungslabor der Fakultät für Medizinische Wissenschaften der UERJ, dem LabLip, durchgeführt wurde, sowie aus dem klinischen Labor Cápsula, das die Öffentlichkeit betreut und sich in der Poliklinik Piquet Carneiro befindet.

Die venösen Blutproben wurden in den Jahren 2010 und 2011 morgens (von 7 bis 10 Uhr) nach dem Fasten über Nacht entnommen, und das Serum und das Plasma wurden am selben Tag verarbeitet. Für die Entnahme wurden Vakuumröhrchen verwendet, wobei die Empfehlungen und die erforderliche Sorgfalt beachtet wurden, um Proben zu erhalten, die für Laborverfahren geeignet sind.

2.2. Einschlusskriterien

Insgesamt wurden 103 Proben für die Neudosierung ausgewählt, da sie ein ausreichendes Volumen für die erforderlichen Analysen aufwiesen. Die untersuchten

Patienten hatten die folgenden Krankheiten: Arthrose, Osteoporose und Krebs, und einige waren Raucher.

2.3. Ausschlusskriterien

Alle Proben mit unzureichendem Volumen, Hämolyse, Lipämie, unzureichender Identifizierung und Entnahmen, die nicht den in der Standardarbeitsanweisung (SOP) für dieses Verfahren festgelegten Anforderungen entsprachen, wurden ausgeschlossen.

2.4. Qualitätskontrollen

Materialien wie Standards, Kalibratoren, Kontrollen, Reagenzien und Verbrauchsmaterialien, die in der Laborroutine verwendet werden, wurden analysiert, wobei Lieferanten, Zubereitungsmethode, Haltbarkeit, Konservierung und Lagerung überprüft wurden.

2.5. Vergleichbarkeit

Diese Studie vergleicht die Ergebnisse des FIBRA-Projekts zwischen zwei Labors. [18]Im Rahmen dieser Studie wurden 103 Proben im Zusammenhang mit dem Projekt ausgewertet und die Verfahren für die Vorbereitung der Personen auf die Probenentnahme, das Fasten, die Ernährung vor der Entnahme, die Handhabung der Proben, den Transport, die Lagerung und die Entsorgung sowie andere relevante Angaben untersucht. Wir analysierten auch die empfohlene Probenmenge und die Bedingungen, unter denen sie gemäß der SOP des Labors unannehmbar werden könnten. In der präanalytischen Phase wurde jeder Person ein Fragebogen ausgehändigt.

Die Serum- und Plasmaproben wurden zur Bestimmung der Analyten aufbereitet und anschließend in Aliquots im *Gefrierschrank* bei -80°C für drei Jahre gelagert.

Lagerung

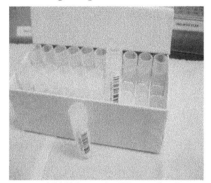

Abbildung 1 - Kryoröhrchen

Quelle: Spinelli, 2012.

Sie wurden in Kryoröhrchen verpackt und in einem *Gefrierschrank* bei -80°C gelagert. Die Einrichtungen für die örtliche Lagerung der Proben bei -80 °C waren so konzipiert, dass die Aliquoten sicher gelagert werden konnten.

2.6 FIBRA-Projekt

Es wurde eine Studie durchgeführt, um das Risikoprofil und die mit Gebrechlichkeit verbundenen Faktoren bei älteren Menschen in einer Gemeinde im nördlichen Teil der Stadt Rio de Janeiro, Brasilien, zu ermitteln. Die Zielpopulation bestand aus Personen im Alter von 65 Jahren und älter, die in verschiedenen Vierteln dieser Gemeinde leben, sowie aus Personen, die von einem Gesundheitsdienstleister betreut werden. Die Studie war eine Querschnitts-Kohortenstudie mit einer nach Geschlecht und Alter geschichteten Stichprobe. [5]

Aufgrund des ausreichenden Volumens wurden einhundertdrei Proben für eine erneute Dosierung ausgewählt, darunter 30 Plasmaproben und 73 Serumproben.

Das RIP-Screening-Tool wurde für die Risikostratifizierung verwendet. [5]

Nach einer bivariaten Analyse wurde eine logistische Regressionsanalyse durchgeführt, um den Zusammenhang zwischen RIP und einer Reihe von soziodemografischen, gesundheitsbezogenen, funktionellen und kognitiven Variablen zu untersuchen. Es wurde festgestellt, dass 6,7 % der älteren Menschen ein hohes Risiko für eine Krankenhauseinweisung hatten. Das Risiko einer Krankenhauseinweisung stand in Zusammenhang mit Krebs, Stürzen, chronisch obstruktiven Lungenerkrankungen und

Medikamente, die eingenommen wurden, sowie die folgenden Bedingungen: Besuch von medizinischem Fachpersonal, Bettlägerigkeit zu Hause, Alleinleben und Ausübung von Aktivitäten des täglichen Lebens. [5]

2.7 **Analyseverfahren**

LabLip-Labor: Die biochemischen Tests für Gesamtcholesterin und Triglyceride wurden mit der Oxidase- und Peroxidase-Methode, für HDLc mit der direkten Detergenzien-Methode und für PCR- US mit der Turbidimetrie-Methode und hochempfindlichem Latex durchgeführt. Diese Analyten wurden mit einem automatischen photometrischen Lesegerät A25 der Marke Biosystems gemäß den Anweisungen des Herstellers und den Laborprotokollen gemessen. Die Leistung des Analyseverfahrens wurde durch ein Qualitätskontrollsystem unter Verwendung der vom PNCQ, Rio de Janeiro, Brasilien, und Prevecal, Spanien, bereitgestellten Materialien bewertet.

Abbildung 2 - Automatisierter Analysator A25 mit wahlfreiem Zugriff für biochemische Dosierungen unter Verwendung von Spektralphotometrie- und Turbidimetriemethoden

Cápsula Labor: Die biochemischen Tests für Gesamtcholesterin und Triglyceride wurden mit der enzymatischen kolorimetrischen Methode, der homogenen enzymatischen kolorimetrischen HDLc-Methode und der hochempfindlichen PCR-Turbidimetrie durchgeführt. Die Analyten wurden mit einem automatisierten Cobas Integra 400plus-Gerät gemessen, mit dem die folgenden Methoden durchgeführt wurden: Photometrie, Turbidimetrie, polarisierte Fluoreszenz und ionenselektive Elektrodenpotentiometrie.

Figura 3 - Cobas Integra 400plus, automatisiertes Analysegerät mit wahlfreiem und kontinuierlichem Zugriff und Integration von vier Messprinzipien

Das externe Qualitätskontrollprogramm von ControlLab wurde zur Bewertung der Analyseergebnisse eingesetzt.

Obwohl die Handelsbezeichnungen der einzelnen Hersteller unterschiedlich sind, beziehen sich die *Kits* auf dasselbe methodische Prinzip.

Tabelle 1 - Beschreibung des Qualitätssystems von LabLip

Analakt	CQI	Hersteller	EQC	Methodik
PCR-US	Proteinkontrolle Serun I			Turbidimetrie
CT	Menschliche Kontur I (normal) und menschliche Kontur II (pathologisch)	Biosysteme	Prevecal PNCQ	Spektralphotometrie
HDLc	Lipidkontrolle serun I			Spektralphotometrie
TG	Cont. Mensch I (normal) und			Spektralphotometrie
	human cont. II (pathologisch)			

Quelle: Der Autor, 2015.

Tabelle 2 - Beschreibung des Qualitätssystems von Cápsula

Analakt	CQI	Hersteller	EQC	Methodik
PCR-US	Precinorm-Protein			Turbidimetrie
CT	Precinorm U plus und precipath U plus	Roche	ControlLab	Enzymatisch kolorimetrisch
HDLc	HDLc Vornorm			Enzymatisch kolorimetrisch
TG	Precinorm U plus und precipath U plus			Farbmetrisch enzymatisch

Quelle: Der Autor, 2015.

2.8 Statistische Auswertung

Für die statistische Auswertung der Daten wurden die Programme EPI-Info und Excel verwendet.

KAPITEL 3

ERGEBNISSE

Die folgende Tabelle zeigt die Ergebnisse, die bei LabLip (2010 und 2011) und erneut bei Cápsula (2014) gemessen wurden.

Tabelle 3 - Darstellung der Ergebnisse der Serumdosierung

NIC	TC (mg/dL) LabLip	TC (mg/dL) Kapsel	TG (mg/dL) LabLip	TG (mg/dL) Kapsel	HDLc (mg/dL) LabLip	HDLc (mg/dL) Kapsel	PCR-US (mg/dL) LabLip	PCR-US (mg/1) Kapsel	OBS
6963	232	196	129	93	47	32	0,29	2,1	
7039	213	264	171	211	39	32	0,24	1,8	
7077	137	121	102	83	54	44	0,15	8,2	
7078	193	224	126	120	76	66	0,32	2,6	
7079	221	270	116	128	47	42	0,42	4,3	
7080	192	182	64	62	59	46	0,22	3,7	
7081	143	171	74	124	65	37	0,26	0,5	
7134	217	208	129	131	64	41	0,34	2,2	
7136	245	237	191	176	49	37	0,24	1,0	
7137	241	316	204	269	53	39	0,17	1,2	
7139	151	135	103	95	58	44	0,2	0,9	
7182	233	226	144	113	78	53	0,17	1,1	
7184	244	215	108	92	45	23	0,1	0,4	
7188	202	203	100	124	73	61	0,25	2,2	
7189	217	203	131	136	51	34	0,08	1,8	
7190	170	171	128	172	54	37	0,05	2,3	
7197	131	117	187	125	35	25	0,05	3,6	
7202	179	210	46	109	88	39	0,07	4,9	
7203	199	196	55	92	105	42	0,09	0,8	
7204	188	207	66	126	70	66	0,08	1,3	
7212	246	202	347	217	42	24	0,17	1,0	
7213	234	255	275	259	59	36	0,24	1,7	
7214	169	173	113	108	45	32	1,73	12,4	
7251	203	209	61	71	65	43	0,19	1,0	
7252	224	248	148	163	38	28	0,11	0,4	
7259	220	220	86	111	67	44	0,27	1,3	
7302	178	203	160	192	50	35	0,9	7,3	
7303	158	134	79	80	58	41	1,84	16,0	
7386	224	244	182	166	60	42	0,26	2,2	
7390	183	217	199	193	50	38	0,43	4,0	
7399	120	124	99	116	39	35	0,33	3,0	

7446	210	217	78	84	46	31	0,81	7,7	
7449	268	219	486	358	36	13	0,21	1,8	
7492	237	219	209	166	41	23	0,3	1,2	H+
7500	135	112	156	122	47	31	0,15	0,6	

Legende: Hämolysat (H).

Quelle: Der Autor, 2014.

Tabelle 3 - Darstellung der Ergebnisse der Serumdosierung

7501	287	248	87	161	67	33	0,06	1,6	
7503	168	138	120	106	41	28	0,21	1,5	
7515	188	210	129	132	60	38	0,46	6,5	
7523	136	141	88	88	32	25	0,27	2,0	
7524	212	224	129	123	54	35	0,07	0,5	
7525	194	243	123	136	56	46	0,33	2,6	
7526	178	194	169	158	35	26	0,12	0,9	
7527	142	234	133	179	44	51	0,44	5,3	
7528	169	189	186	185	44	29	1,56	14,2	
7578	159	211	89	104	59	55	0,11	0,9	
7585	151	193	59	81	45	42	0,12	1,1	
7586	204	212	56	69	57	52	0,14	1,3	
7597	249	256	208	189	34	18	0,22	1,8	
7599	190	153	128	99	57	32	0,08	0,5	
7600	178	186	66	68	53	43	0,1	0,7	
7602	224	243	166	155	51	27	0,4	3,4	
7605	190	200	94	94	61	48	0,09	0,5	
7607	231	280	102	118	72	62	0,18	1,4	
7608	173	181	182	174	51	38	0,38	2,4	
7609	257	267	110	115	66	52	0,49	3,8	
7619	182	185	66	67	63	53	0,4	3,2	
7620	226	246	297	297	59	40	0,13	0,9	
7625	181	204	89	86	59	50	0,20	1,3	
7804	256	281	111	121	60	44	0,11	0,7	
7916	226	247	167	161	54	37	0,50	2,7	
7917	206	226	57	59	57	53	0,51	4,3	
7918	223	215	272	269	42	27	0,13	1,1	
7977	169	192	168	169	49	33	0,35	2,9	
8060	180	218	99	105	64	57	0,12	0,9	
8066	165	180	123	122	43	33	0,18	1,4	
8067	259	289	137	142	67	50	0,89	8,6	
8068	228	251	112	119	47	31	1,29	16,1	
8069	183	206	92	98	77	67	0,26	2,1	
8070	145	158	122	118	62	56	1,27	12,5	
8071	175	188	140	145	53	37	1,29	13,6	
8072	168	180	129	124	52	36	0,85	7,5	
8077	211	224	222	218	51	35	0,46	4,2	
8078	172	185	189	189	42	29	0,15	1,1	

Quelle: Der Autor, 2014.

Tabelle 4 - Darstellung der Ergebnisse der Plasmadosierung

NIC	TC (mg/dL) LabLip	TC (mg/dL) Kapsel	TG (mg/dL) LabLip	TG (mg/dL) Kapsel	HDLc (mg/dL) LabLip	HDLc (mg/dL) Kapsel	PCR-US (mg/dL) LabLip	PCR-US (mg/1) Kapsel	OBS.
7076	190	157	139	108	52	32	0,15	0.5	
7082	282	246	135	101	53	36	0,27	1.9	
7132	235	233	87	88	90	71	0,98	5.8	
7181	276	247	215	159	47	29	1,78	15.3	
7183	180	144	54	43	74	57	0,70	5.6	
7187	188	146	94	94	65	52	0,2	0.9	
7195	156	152	146	125	41	28	0,92	7.2	
7196	224	221	161	139	48	35	0,01	3.1	
7249	207	207	127	103	70	46	0,29	2.2	
7250	195	211	118	119	54	47	0,1	0.2	
7253	229	235	79	91	95	70	0,09	0.2	
7258	249	219	51	73	83	53	0,15	0.7	
7260	241	208	90	95	55	32	0,58	1.6	
7266	127	139	49	63	56	36	0,11	0.4	
7387	204	215	138	130	61	40	0,57	7.6	
7395	179	219	558	554	38	15	0,16	0.7	LT
7397	172	176	152	144	43	39	0,3	2.3	
7432	173	189	209	198	69	54	0,16	0.9	
7433	193	199	85	86	53	38	0,25	2.8	
7434	293	304	236	206	48	26	0,77	9.5	
7435	214	227	68	75	87	72	0,08	0.7	
7448	233	212	139	138	39	29	0,33	2.8	
7450	239	238	206	218	44	27	0,17	1.0	
7506	234	236	203	176	56	34	0,33	2.8	
7517	100	121	109	105	45	33	0,11	0.8	
7519	178	204	173	162	48	30	0,82	6.9	
7529	147	161	104	99	43	30	0,45	3.5	
7581	210	200	177	147	34	22	1,21	9.4	
7601	154	152	126	109	33	19	1,49	16.7	
7624	160	171	174	162	55	42	0,75	6.5	

Legende: leicht trüb (LT).

Quelle: Der Autor, 2014.

Die Ergebnisse der statistischen Analysen der Daten sind in den Diagrammen 1-4 mit Einheiten in mg/dL dargestellt, Wiederverabreichung im Cápsula-Labor im Jahr 2014.

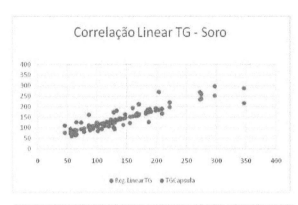

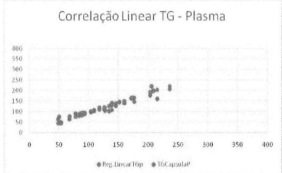

Schaubild 1 - Repräsentativer Vergleich der Triglycerid-Ergebnisse der LabLip- und Cápsula-Labors

Quelle: Der Autor, 2015.

Lineare Regression

TG	Serum	Plasm a
N	73	30
Korrelation r	0,90	0,98
Median	124	114
Korrelationskoeffizient r^2	0,80	0,97

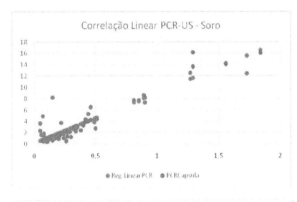

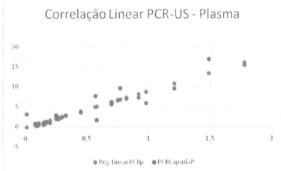

Schaubild 2 - Repräsentativer Vergleich der PCR-US-Ergebnisse der LabLip- und Cápsula-Labors

Quelle: Der Autor, 2015.

Lineare Regression

PCR-US	Seruma	Plasm
N	73	30
Korrelation r	0,93	0,94
Median	1,8	2,55
Korrelationskoeffizient r^2	0,86	0,88

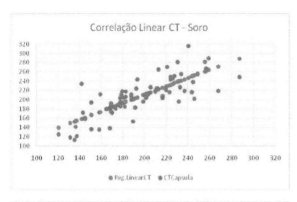

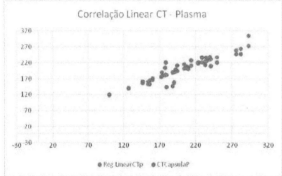

Schaubild 3 - Vergleich der Gesamtcholesterinwerte in LabLip- und Cápsula-Labors

Quelle: Der Autor, 2015.

Lineare Regression

CT	Serum	Plasma
N	73	30
Korrelation r	0,79	0,88
Median	209	207,5
Korrelationskoeffizient r^2	0,62	0,78

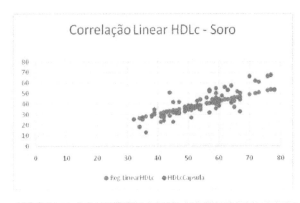

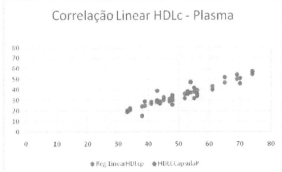

Schaubild 4 - Vergleich der HDLc-Ergebnisse der LabLip- und Cápsula-Labors

Quelle: Der Autor, 2015.

Lineare Regression

HDLc	Serum	Plasma
N	73	30
Korrelation r	0,70	0,94
Median	38	35,5
Korrelationskoeffizient r^2	0,48	0,89

Tabelle 5 - *Ergebnisse des gepaarten t-Tests*

Auswertungen	P	T	DF	Epd
Serum				
*CT	0,0012	3,3687	72	3,066
TG	0,8252	0,2217	72	3,832
*HDLc	0,0001	13,4361	72	1,131
PCR-US	0,1207	1,5705	72	0,017
Plasma				

CT	0,5318	0,6328	29	3,845
*TG	0,0041	3,1199	29	3,120
*HDLc	0,0001	16,4397	29	1,024
PCR-US	0,0126	2,6605	29	0,028

*Statistisch signifikante Ergebnisse.

Legende: zweiseitiger p-Wert (p); Verteilung (t); Freiheitsgrade (df); Standardfehler der Differenz (Epd).
Quelle: Der Autor, 2015.

Bei den US-CRP- und TG-Messungen veränderten sich die Serumproben, die bei - 80°C eingefroren wurden, während der dreijährigen Lagerung nicht, da ihre Werte stabil blieben. Wir erhielten einen Korrelationskoeffizienten von: PCR-US 0,86 bzw. TG 0,80.

Wir stellten fest, dass es keine statistisch signifikanten Unterschiede gab, was zeigt, dass die Lagerungsmethode angemessen ist.

Plasma mit EDTA ist ein äußerst flexibles Material für die Konservierung dieser Dosen, sofern die Entnahmebedingungen eingehalten und die geeignete Temperatur für die Konservierung beibehalten wird.

Was die Ergebnisse für die HDLc-Dosierung betrifft, so wurde festgestellt, dass sie nach dem Einfrieren im Cápsula-Labor einen niedrigeren Korrelationskoeffizienten aufweisen: Serum 0,48 als die in LabLip präsentierten, was signifikante statistische Unterschiede zeigt und die in der Packungsbeilage *des* Roche-Kits zitierten Informationen bestätigt, da HDLc in Serum nicht in Proben analysiert werden kann, die länger als 30 Tage bei -80°C eingefroren wurden.

Der gepaarte Test zeigte statistisch signifikante Ergebnisse in den Plasmaproben für die Analyten TG und HDLc und im Serum für TC und HDLc, siehe Tabelle 5.

KAPITEL 4

DISKUSSION

Nach Thorense et al. [31] veränderten sich Plasmaproben, die bei - 80 °C eingefroren wurden, während der 240-tägigen Lagerung nicht, da die Cholesterin- und Triglyceridwerte stabil blieben. Studien, die sich auf unsere Verfahren beziehen, zeigen, dass es bei der Arbeit mit Proben von Wistar-Ratten keine Veränderungen gab.[32,33]

Im Gegensatz zu dieser Studie, bei der Serum und Plasma von Menschen verwendet wurden, sanken die CT-Werte auch, nachdem die Proben bei -80°C eingefroren worden waren. Nach drei Jahren wurden sie erneut untersucht, und der Korrelationskoeffizient wurde ermittelt: Serum 0,62, Plasma 0,78.

Wir haben uns vergewissert, dass die Angaben in der Packungsbeilage des Roche-Kits sehr zuverlässig sind, da HDLc im Serum nicht in Proben analysiert werden kann, die länger als 30 Tage bei -80°C eingefroren wurden. Der Korrelationskoeffizient im Serum betrug 0,48, aber im Plasma blieb er mit einem Korrelationskoeffizienten von 0,89 stabil.

Untersuchungen in verschiedenen Laboratorien zeigen, dass die wichtigsten Veränderungen, die zu den in der Untersuchung beschriebenen Fehlern führten, die Lagerzeit mit 78,6 Prozent waren.[34]

Die in der präanalytischen Phase durchgeführten Prozesse waren in beiden Laboratorien korrekt, so dass Fehler in dieser Phase ausgeschlossen werden können.

Die Bestimmung von Serumlipiden kann durch verschiedene präanalytische Faktoren beeinflusst werden. Faktoren im Zusammenhang mit der Entnahme (Körperhaltung, Abschnürzeit) und der Gewinnung, Handhabung und Konservierung der Probe müssen von den Labors sorgfältig kontrolliert werden. Es gibt auch präanalytische Faktoren, die ausschließlich von der Person abhängen, wie körperliche Bewegung, Ernährung, Alkoholkonsum, Rauchen, Schwangerschaft und andere. Diese Aspekte spiegeln sich in unterschiedlichen numerischen Werten für die Dosierung wider.[35]

Im klinischen Laboratorium kann die Komponente des Qualitätskontrollsystems als die Gesamtheit der systematischen Maßnahmen definiert werden, die erforderlich sind, um den Laborverfahren Vertrauen zu geben, damit die gesundheitlichen Bedürfnisse des Einzelnen erfüllt und Fehler vermieden werden können.[36,4,37]

Das Qualitätsmanagement ist von großer Bedeutung, da es die Schwierigkeiten bei der Einführung von Qualitätssystemen in öffentlichen Einrichtungen aufzeigt.

Das QM ist daher ein Instrument, mit dem die Einrichtungen so umstrukturiert werden können, dass sie den tatsächlichen Gesundheitsbedürfnissen des Landes entsprechen. [22]

Um die Qualität der von den Laboratorien herausgegebenen Ergebnisse zu gewährleisten, werden laborinterne und laborübergreifende Kontrollen durchgeführt. Die laborinternen Kontrollen sind kommerziell und werden von einem von der ANVISA anerkannten Unternehmen bezogen. Alle Ergebnisse werden erst nach Überprüfung der Kontrollen anhand des Levy-Jennings-Diagramms freigegeben, das nur zwei Standardabweichungen nach oben und unten zulässt.

Daher verfügten beide Laboratorien über angemessene interne Kontrollen und Ausrüstungen für die verwendeten Methoden, um zuverlässige Ergebnisse zu erzielen.

Die verwendete Methodik umfasst standardisierte kommerzielle *Kits* (Biosystems und Roche) zur Messung von Gesamtcholesterin, HDLc, PCR-US und Triglyceriden. In den Beipackzetteln der *Kits* wird die Lagerungszeit erwähnt, während Biosystems keine Angaben zur Lagerung bei -80°C macht. Die untersuchten Analyten konnten in Serum und Plasma mit EDTA gemessen werden.

Das Prinzip der TC-Methode ist enzymatisch kolorimetrisch, Cholesterinester werden durch die Wirkung von Cholesterinesterase gespalten und erzeugen freies Cholesterin und Fettsäure. HDLc Die Konzentration von HDLc-Cholesterin wird enzymatisch bestimmt, und zwar durch Cholesterinesterase und Cholesterinoxidase, die mit Polyethylenglykol an die Aminogruppen gekoppelt sind (etwa 40 %). [38] In TG werden die Triglyceride schnell und vollständig zu Glycerin hydrolysiert, gefolgt von einer Oxidation zu Dihydroxyacetonphosphat und Wasserstoffperoxid. Das entstandene Wasserstoffperoxid reagiert dann mit 4-Aminophenazon und 4-Chlorphenol unter der katalytischen Wirkung von Peroxidase zu einem roten Farbstoff (Trinder-Endpunkt-Reaktion). Die Farbintensität des gebildeten roten Farbstoffs ist direkt proportional zur Konzentration der Triglyceride und kann photometrisch bestimmt werden.[39]

PCR-US basiert auf der Turbidimetrie-Methode mit Partikelreaktionsverstärkung.[40]

Es gibt Verfahren, die die Aufbewahrung sicherer machen, und zwar durch die Biobank, deren Zweck es ist, die Sammlung verschiedener Arten von biologischem Material zu speichern, die mit individuellen medizinischen Informationen zusammenhängen und auch eine große Anzahl von Teilnehmern an einer Studie oder einer bestimmten Einrichtung betreffen. [41]

Die Bedeutung der Biobank besteht darin, dass sie es ermöglicht, künftige Fall-Kohorten-Studien zu erstellen, die wissenschaftliche Verfahren unterstützen. [41]

KAPITEL 5

SCHLUSSFOLGERUNGEN

Es bestätigte sich, dass bei der Testreihe US-CRP, TC, TG und HDLc, die in zwei verschiedenen Labors und mit denselben Methoden durchgeführt wurde, signifikante Veränderungen bei den Serumproben für HDLc und TC auftraten. Obwohl sich die Triglycerid-Ergebnisse mit der Lagerungsdauer nicht veränderten, war das Lipidprofil beeinträchtigt, da wir bei allen Analysen, die an drei Jahre gelagerten Proben durchgeführt wurden, signifikante Veränderungen feststellten. [42,43,44]Wir haben festgestellt, dass keine der Studien, in denen eingefrorene Proben verwendet wurden, länger als zwei Jahre aufbewahrt wurden."[45,46]

Die Daten, die aus der Auswertung der Ergebnisse verschiedener Labore und Lagerungszeiten gewonnen wurden, zeigten, dass Serumproben bei längerer Lagerung nach einer erneuten Dosierung Unterschiede bei bestimmten Analyten, wie TC und HDLc, aufweisen.

Es wurde festgestellt, dass es im Serum keinen statistischen Unterschied in Bezug auf TG und PCR-US in Proben gab, die drei Jahre lang gelagert wurden, im Gegensatz zu den CT- und HDLc-Analyten, die bei erneuter Trocknung im Serum relativ niedrigere Ergebnisse zeigten. In Bezug auf Plasma führte die erneute Dosierung aller Analyten (CT, HDLc, TG und PCR-US) nach drei Jahren Lagerung bei - 80 °C zu Ergebnissen, die auf den *t-Studenten* angewandt wurden und die Stabilität der Proben aufrechterhielten, mit Ausnahme von TG und HDLc, die ebenfalls verringerte Ergebnisse zeigten.

KAPITEL 6

REFERENZEN

1- Plebani, M. Erforschung des Eisbergs der Fehler in der Labormedizin. Clin Chim Acta. 2009 Mar 18. 404: 16-23.

2- O'Kane, M. , Lynch, P.L.M. , Mc Gowan, N. Development of a system for the reporting, classification and grading of quality failures in the clinical biochemistry laboratory. Annals of Clinical Biochemistry. 2008. 45(2): 129-134.

3- Stein E.A. Lipide, Lipoproteine und Apolipoproteine. In: Tietz NW, ed. Fundamentals of Clinical Chemistry. 3rd ed. Philadelphia: WB Saunders; 1987:448-481.

4- Berlitz, F.A. Qualitätskontrolle im klinischen Labor: Prozessverbesserung, Zuverlässigkeit und Patientensicherheit in Einklang bringen. J Bras Patol Med Lab. 2010. 46(5)353-63.

5- Lourenço, R. A. Rede FIBRA-RJ: Frailty and risk of hospitalisation in elderly people in the city of Rio de Janeiro, Brazil. 2014. [Zugriff 2014 Jan 7]. Verfügbar unter: http://www.scielosp.org/pdf/csp/v29n7/12.pdf pdf.

6- Fried, L.P. et al. Frailty in older adults: evidence for a phenotype. J Gerontol A Biol SciMed Sci 2001. 56:M146-56.

7- Pacala, J.T., Boult C., Boult L. Predictive validity of a questionnaire that identifies older persons at risk for hospital admission. J Am Geriatr Soc 1995;43:374-77.

8- Katz, S. et al. Studien über Krankheiten bei alten Menschen. The index of ADL: a standardised measure of biological and psychosocial function. JAMA 1963;185:914-9.

9- Lippi G. et al. Präanalytische Variabilität: die dunkle Seite des Mondes bei Laboruntersuchungen.
Clin Chem Lab Med 44 (4) 358-365, 2006.

10- Mauricio, Pacheco de Andrade. Eine vorgeschlagene Datenstruktur für die Anwendung bei der Untersuchung von analytischen Prozessen in klinischen Labors. [Dissertation]. Fakultät für Pharmazeutische Wissenschaften; 2007.

11- Guder, W. G., et al. Samples: From the patient to the laboratory. Der Einfluss präanalytischer Variablen auf die Qualität von Laborergebnissen. 2.ed. Darmstadt: Cit Verlag GMBH; 2001.

12- McPherson, R.A.; Pincus, M.R. Henry's clinical diagnosis and management by laboratory methods. 21.ed. Philadelphia: Saunders Elservier, 2007.

13- Valenstein, P. N.; Sirota, R. L. Identifikationsfehler in der Pathologie und Labormedizin. Clin. Lab. Med. 2004. 24 (4): 979-96.

14- Sirota, R. L. Fehler und Fehlerreduzierung in der Pathologie. Arch. Pathol. Lab. Med. 2005. 129(10): 1228-1233.

15- CLSi H3-a6, Verfahren zur Entnahme von diagnostischen Blutproben durch Venenpunktion; anerkannter Standard, 6.

16- Frazer, C.G. Biological variation: from principles to practice. Washington: AACC Press; 2001.

17- Brasilianische Gesellschaft für klinische Pathologie/Laboratoriumsmedizin. Programm für die Akkreditierung von klinischen Laboratorien - PALC. PALC Standard - Version 2013. [Zugriff 2014 Jan 16]. Verfügbar unter: www.sbpc.org.br.

18- NCCLS. H21-A4. Entnahme, Transport und Verarbeitung von Blutproben zur Untersuchung plasmabasierter Gerinnungstests. 2003.

19- Brasilianische Gesellschaft für klinische Pathologie/Laboratoriumsmedizin. Empfehlungen der brasilianischen Gesellschaft für klinische Pathologie/Labormedizin für die venöse Blutentnahme. 2.ed. Barueri: Minha Editora; 2010.

20- Moura RA, Wada CS, Purchio A, Almeida TV. Labortechniken. São Paulo: Atheneu; 1998.

21- Chaves CD. Qualitätskontrolle im klinischen Analyselabor. J Bras Patol Med Lab 2010;46(5):352.

22- Roesh, S.M.A.; Antunes, E.D.D.; Total quality management: top-down leadership versus participative management. Rev Adm. 1995; 30(3):38-49.

23- Barbosa, A.P. Qualidade em serviços de saúde: análise dos instrumentos utilizados na promoção e garantia da qualidade na prestação de serviços hospitalares em um hospital geral de grande porte no município de São Paulo [thesis]. São Paulo: Getúlio Vargas Foundation Business School; 1995.

24- - Xavier, H.T.I., M.C. et al. V Diretriz Brasileira de Dislipidemias e Prevenção da Aterosclerose. Arq. Bras. Cardiol. 2013;101(4 Supl1): 22.

25- Maekawa, Y., T. Nagai, und A. Anzai. Pentraxine: CRP und PTX3 und kardiovaskuläre Erkrankungen. Inflamm Allergy Drug Targets. 2011;10(4): 229-35.

26- Salazar, J., et al, C-reactive protein: clinical and epidemiological perspectives. Cardiol Res Pract, 2014.

27-Ahmadi-Abhari, S., et al, Distribution and determinants of C-reactive protein in the older adult population: European Prospective Investigation into Cancer-Norfolk study. Eur J Clin Invest. 2013; 43(9): 899-911.

28-Amer, M.S., et al, High-sensitivity C-reactive protein levels among healthy Egyptian elderly. J Am Geriatr Soc. 2013; 61(3): 458-9.

29- Delongui, F., et al, Serumspiegel von hochsensitivem C-reaktivem Protein bei gesunden Erwachsenen aus Südbrasilien. J Clin Lab Anal. 2013; 27(3): 207-10.

30- Braga, F., M. Panteghini. Biologische Variabilität des C-reaktiven Proteins: Sind die verfügbaren Informationen zuverlässig? Clin Chim Acta, 2012. 413(15-16): 1179-83.

31- Thorense, S.I. et al. Effects of storage time chemistry results from canine whole blood, heparinised whole blood, serum and heparinised plasm.Vet Clin Pathol. 1998; 21(3):88-94,

32- Spinelli O. M. et al. - Effect of temperature and time on the storage of metabolites in the PLASMA of recently weaned wistar rats, Revista da Sociedade Brasileira de Ciência em Animais de Laboratório, São Paulo, Brazil.

33- Oliveira, F.S. et al. Auswirkung des Einfrierens und der Lagerzeit von Lammblutserum auf die Bestimmung biochemischer Parameter. Semina: Ciências Agrárias, 2011;. 32(2):717-722.

34- Costa, V.G. et al. Main biological parameters evaluated in errors in the pre-analytical phase of clinical laboratories: a systematic review. J Bras Patol Med Lab. 2012; 48(3):163- 168.

35- IV Brasilianische Leitlinien zu Dyslipidämien und Atheroskleroseprävention Leitlinie der Atheroskleroseabteilung der Brasilianischen Gesellschaft für Kardiologie. Arq. Bras Cardiol 2007; 88.

36- Lopes, H.J.J. Qualitätssicherung und -kontrolle im klinischen Labor. Technische und wissenschaftliche Beratung von Gold Analisa Diagnóstico Ltda [Zugriff im Jahr 2014 Mai8]. Verfügbar unter http://www.goldanalisa.com.br/publicacoes/Garantia_e_Controle_da_Qualidade_no_ Laborato rio_Clinico.pdf

37- Motta, V.T. Biochímica clínica para o laboratório: princípios e interpretações. Caxias do Sul: EDUCS; 2003.

38- Sugiuchi H, Uji Y, Okabe H, Irie T et al. Direct Measurement of High-Density Lipoprotein Cholesterol in Serum with Polyethylene Glycol-Modified Enzymes and Sulfated a-Cyclodextrin. Clin Chem 1995;41:717-723.

39- Wahlefeld AW, Bergmeyer HU, eds. Methods of Enzymatic Analysis. 2. englische Ausgabe. New York, NY: Academic Press Inc, 1974:1831.

40- Breuer J. Bericht über das Symposium Drug Effects in Clinical Chemistry Methods. Eur J Clin Chem Clin Biochem 1996;34:385-386.

41- Hallmans G.,Vaught J.B. Best practices for establishing a biobank. Methods Mol.Biol. 2011; 675: 241-60.

42- Kale, V.P. et al. Effect of repeated freezing and thawing on 18 clinical chemistry analytes in rat serum. J Am Assoc Lab Anim Sci. 2012. Jul; 51(4):475-8.

43- Cuhadar, S. et al. - Stabilitätsstudien gängiger biochemischer Analyten in Serumseparatorröhrchen mit oder ohne Gelbarriere unter verschiedenen Lagerungsbedingungen. Biochem Med (Zagreb) 2012; 22(2):202-14.

44- Brinc, D. et al. Long-term stability of biochemical markers in paediatric serum specimens stored at -80 °C: a CALIPER Substudy. Clin Biochem. 2012;45(10-11):816-26.

45- Tanner, M. et al. Stability of common biochemical analytes in serum gel tubes subjected to different storage temperatures and times pre-centrifugation. Annals of Clinical Biochemistry. 2008; 45(Pt 4):375-379.

46- Cray, C. et al. Effects of storage temperature and time on clinical biochemical parameters from rat serum. J Am Assoc Lab Anim Sci. 2009; 48(2):202-4.

ANHANG A - In der präanalytischen Phase des FIBRA-Projekts durchgeführter Fragebogen

Ethnie

1- Welche Hautfarbe oder Ethnie haben Sie?
( )Weiß
( ) Schwarz
( ) Mulatte / cabocla / parda
( ) Einheimisch
( ) Gelb / orientalisch
( ) NS
( ) NA
( ) NR

Lebensgewohnheiten: Rauchen

2- Rauchen Sie derzeit?
( ) Ja
( ) Nein
( ) NS
( ) NA
( ) NR

2.1- Fragen Sie diejenigen, die mit JA geantwortet haben: "Wie lange sind Sie schon Raucher?

2.2- Diejenigen, die mit NEIN geantwortet haben, fragen:
( ) Nie geraucht?
( ) Haben Sie jemals geraucht und aufgehört?
( ) NS
( ) NA
( ) NR

Verwendung von Medikamenten

3- Wie viele Medikamente haben Sie in den letzten drei Monaten regelmäßig eingenommen, entweder vom Arzt verschrieben oder selbst eingenommen?
3.1- Können Sie das Medikament ohne Hilfe richtig anwenden?
3.2- Sind Sie in der Lage, die Medikamente einzunehmen, brauchen aber Hilfe?
3.3- Sind Sie in der Lage, Ihre Medikamente ohne Hilfe einzunehmen?

Übungen

4- Treiben Sie Sport? Welche Übungen?

Wahrgenommene körperliche Gesundheit

5- Herzerkrankungen wie Angina pectoris, Herzinfarkt oder Herzinfarkt?
6- Bluthochdruck?

7- Schlaganfall?zerebrale Ischämie?
8- Arthritis, Arthrose oder Rheumatismus?
9- Depressionen?
10-Osteoporose?
11-Krebs?

ANHANG B - FIBRA II-Daten

NIC	Geschl echt	Alter	HAS	AVE	Ausr utsc hen.	Kreb s	Loc canc	Demenz	Osteo 2	Von der ost	Lok ost	Pes.	Höhe
7506	F	98	999	999	999	999	999	1	Pododacilios	999	999	36	148
7266	M	79	1	1	1	1	999	2	999	1	999	69	162
7395	M	84	1	2	1	2	999	2	999	2	999	79	166
7527	F	85	999	999	999	999	999	1	999	999	999	999	999
7449	M	67	1	2	2	2	999	2	999	2	999	79	164
7804	F	89	2	2	1	2	999	1	999	2	999	60	158
7181	M	80	2	1	2	2	999	1	999	2	999	63	165
7182	M	69	2	2	2	2	999	2	999	2	999	70	162
7213	F	81	1	1	1	2	999	2	999	2	999	65	150
7250	F	88	1	2	2	2	999	1	999	2	999	45	148
7258	M	84	2	2	1	2	999	2	999	2	999	78	165
7259	M	81	1	2	2	2	999	2	999	2	999	75	162
7917	F	81	1	2	1	2	999	2	999	2	999	64	147
7916	M	86	2	2	0	2	999	2	999	2	999	70	166
8072	F	89	999	999	999	999	999	1	Knie	999	999	999	999
8066	M	69	2	1	0	2	999	2	999	2	999	84	170
8078	F	90	999	999	999	999	999	1	999	999	999	55	146
7625	F	87	1	1	1	2	999	1	999	2	999	999	999
7203	F	73	1	2	2	2	999	2	999	2	999	67	159
7585	M	82	2	2	2	2	999	2	999	2	999	66	175
7081	F	84	999	999	999	999	999	1	Säule	999	999	46	143
7251	M	67	2	2	2	2	999	2	999	2	999	74	163
7523	M	75	2	2	1	2	999	2	Ablegen	1	Ablegen	64	165
7578	F	84	1	2	2	2	999	1	Ich weiß es nicht	2	999	60	165
24													
7080	F	74	999	999	999	999	999	1	999	999	999	71	160
7190	F	88	999	999	999	999	999	1	999	999	999	56	142
7136	M	96	2	2	2	999	999	1	°3 linker Außenposten	2	999	42	148
7977	F	75	1	2	2	2	999	1	999	2	999	89	167
7529	F	97	999	999	999	999	999	1	999	999	999	999	999
7602	F	78	999	999	999	999	999	1	999	999	999	999	999
7619	F	82	999	999	999	999	999	1	999	999	999	40	147
7082	M	76	999	999	999	999	999	1	999	999	999	58	166
8068	M	91	999	999	999	999	999	1	Osteopor	999	999	48	165

47

ID	Sex												
									ose				
7528	F	93	2	2	2	2	999	1	999	2	999	73	144
7620	F	71	2	2	2	1	Linke Brust (1997)	2	999	2	999	59	148
7446	F	84	1	2	2	1		1		1	Kolumne,	65	154
7599	F	80	1	2	2	1	Gebärmutterschleimhaut im Jahr 2003	1	999	1		83	150
8071	F	84	1	2	2	1	Mama	2		1		57	152
7188	F	83	1	2	2	1		2	Knie, Wirbelfraktur, Manschette	1		64	150
7387	M	70	1	2	1	1		1	999	1	Knie, lumbal, dorsal,	76	162
7302	F	78	1	2	1	1		2		1		66	152
14													
7212	M	86	1	1	2	2	999	1	Lendenwirbelsäule	1	Lendenwirbelsäule	63	173
7607	M	82	2	2	2	2	999	2	Skoliose	1	Skoliose	69	179
2													
7039	F	92	999	999	999	999	999	1	Arthrose, Osteoporose	999	999	60	149
7303	F	71	1	2	1	2	999	2	Osteoporose	1	Traumatische Wirbelfraktur	66	152
7253	F	85	1	2	1	2	999	2	Osteoporose	1	Osteoporose	43	147
7435	F	73	1	2	1	2	999	2	Osteoporose	1	Osteoporose	57	154
7183	F	73	2	2	2	2	999	2	Osteoporose	1	Osteoporose	49	156
7600	F	91	2	2	2	2	999	1	Osteoporose des Oberschenkels	2	999	52	147
7432	F	78	2	2	1	2	999	2	Osteoporose	1	Osteoporose	60	142
7519	F	75	1	2	1	2	999	2	Osteoporose	1	Osteoporose	60	155
7132	F	80	1	2	1	2	999	2	Osteoporose	1	Osteoporose	40	145

7252	F	86	1	2	1	2	999	1	Arthritis im Knie	1	Osteopor ose	52	146
7624	F	82	1	2	2	2	999	1	Osteopor ose	0	Schmerz en im Bein	72	148
7139	F	78	1	1	1	2	999	1	Osteoant hose an den Knien / Osteopor ose	1	Osteopor ose	83	162
7450	F	90	1	2	1	2	999	2	Säule	1	Säule	70	149
8069	F	75	1	2	2	2	999	2	Osteope ma	1	Osteope ma	60	154
7601	M	91	2	1	1	2	999	2	Gonarthro se	1	Beine	59	169
7500	F	73	1	1	1	2	999	2	Wirbelsäu le / Obersche nkelknoch en	1	Lendenwi rbelsäule / Halswirbe lsäule	72	157
7202	F	93	2	2	1	2	999	1	999	1	Knie	99	9999
7196	M	82	2	2	0	2	999	2	Rechte Schulter	1	Rechte Schulter	56	174
7079	F	78	2	2	2	2	999	1	Armo se	1	Knie	58	163
8060	F	70	1	2	1	2	999	2	Osteopen ie	1	Osteopen ie	65	150
7390	F	81	1	2	1	2	999	2	999	1	Knie	63	148
7501	F	68	1	2	1	2	999	999	999	1	Wirbelsä ule/Femu r	59	151
8067	F	78	1	2	1	2	999	2	Knie, unterer Rücken	1	Knie, Wirbelsä ule	11 2	162
7597	F	80	1	1	1	2	999	2	999	1	Tenosyno vitis in der Hand.	64	145
7197	F	70	1	2	1	2	999	2	999	1	Osteopen ie	66	160
7189	M	80	1	2	2	2	999	2	Hand	1	Hand und Fuß	65	170
7077	F	73	2	2	2	2	999	1	Knie	1	Knie	61	155
7214	F	88	1	2	2	2	999	2	Knie	1	Knie	60	162
7526	F	73	1	2	1	2	999	2	Hände, Schultern, Knie, Wirbelsäu le	1	Hände, Schultern , Knie, Wirbelsä ule	65	158
7204 F 30													
7586	F	74	1	2	2	2	999	2	OA-Knie	1	OA-Knie	61	149
7.51 5	M	97	2	2	2	2	999	1	Knie	1	Knie	43	154
7525	F	68	1	2	2	2	999	2	Arthrose / Osteopöe	1	Arthrose der Wirbelsä	72	155

										ule/ Osteopem		
7249	F	89	999	999	999	999	999	1	Arthrose	999	999	54	141
7137	F	89	1	2	2	2	999	2	Arthrose	1	Arthritis in der Hand	66	156
7076	F	71	1	2	1	2	999	1	Arthritis im Knie	1	Arthritis im Knie	56	137
7581	F	91	1	1	0	2	999	1	Arthritis im Knie	1	Arthritis im Knie	99 9	999
7434	F	75	1	2	2	2	999	2	Arthrose	1	Arthritis im Knie	93	160
7517	M	91	1	2	2	2	999	1	Arthrose in den Händen. unterer Rücken	1	Hände	64	155
7187	F	82	1	2	2	2	999	2	Arthritis im Knie	1	Knie	46	146
8070	F	76	1	2	1	2	999	1	Arthritis im Knie	1	Arthritis im Knie	68	153
7609	F	69	2	2	0	2	999	2	Arthrose der Wirbelsäule	1	Arthrose der Wirbelsäule/Knie	56	147
7448	M	93	999	999	999	999	999	1	Arthritis im Knie	999	999	93	140
7184	F	90	999	999	999	999	999	1	Arthritis im Knie	999	999	54	143
7433	F	76	2	2	2	2	999	2A	Arthritis/Sehnenentzündung	1	Arthritis/Sehnenentzündung	61	155
7195	F	84	1	2	1	2	999	1/	rthrose des Knies d.	1	'Etikett. Knie d.	99 9	999
7260	F	87	1	2	2	2	999	1	Arthritis im Knie	1	Arthritis im Knie	66	152
7492	F	76	1	2	1	2	999	1	Arthrose der Wirbelsäule	1	Arthrose der Wirbelsäule	58	149
7134	F	87	2	2	2	2	999	2	Arthritische Knie	1	Arthritis im Knie	66	149
7918	F	69	1	2	2	2	999	2	999	1	Arthrose der Wirbelsäule	73	165
7386	F	77	1	2	2	999	999	1	Arthritis in der Hand	1	Arthritis in der Hand	75	149
7608	F	76	2	2	2	2	999	2	999	1	Arthrose des Knies, der Wirbelsäule	74	157

											Wirbelsäule / Knie-Arthrose		
7399	M	84	1	2	1	2	999	2	999	1	Irthrose	94	173
103					F	FEM.							
Arthrose					M	ABER.							
					999	Nicht abgefragte Punkte							
Osteoporose.					1	Ja							
Pac. Kontrolle					2	Nein							
Rauchen